发现水滴精灵的世界

吴普特　主编

科学普及出版社
·北　京·

图书在版编目（CIP）数据

水滴精灵的世界.发现水滴精灵的世界/吴普特主编.--北京：科学普及出版社，2023.4
ISBN 978-7-110-10535-1

Ⅰ.①水…Ⅱ.①吴…Ⅲ.①水—儿童读物Ⅳ.①P33-49

中国国家版本馆 CIP 数据核字（2023）第 030975 号

责任编辑	李　锏
装帧设计	锋尚设计
责任校对	张晓莉
责任印制	马宇晨

出　　版	科学普及出版社
发　　行	中国科学技术出版社有限公司发行部
地　　址	北京市海淀区中关村南大街 16 号
邮　　编	100081
发行电话	010-62173865
传　　真	010-62173081
网　　址	http://www.cspbooks.com.cn

开　　本	787mm×1092mm　1/16
字　　数	80 千字
印　　张	11.25
版　　次	2023 年 4 月第 1 版
印　　次	2023 年 4 月第 1 次印刷
印　　刷	北京顶佳世纪印刷有限公司
书　　号	ISBN 978-7-110-10535-1 / P·236
定　　价	86.00 元（全三册）

《水滴精灵的世界》编创团队

主　编　吴普特

副主编　卓　拉

编　者　刘艺琳　岳志伟　赵丹玥

绘　画　冷飞焓

本书得到中央高校基本科研业务费专项资金 [2452021168] 和国家青年人才计划项目资助。

写给小朋友的话

　　水是生命之源，是万物之本。每一位小朋友的快乐成长，都离不开水，离不开"水滴精灵"。可是，地球上的水资源是极其有限的，世界上还有很多大朋友和小朋友们面临着严重缺水问题。虽然科学家们正在为如何节约更多宝贵的水资源不停地工作、不断地努力，但仅有科学家的努力与工作是远远不够的，需要我们大家共同努力，珍惜每一滴水，用我们自己的实际行动为缺水的大朋友与小朋友们提供帮助，让大家都不要因缺水而烦恼。

　　我们通过《水滴精灵的世界》向小朋友们普及前沿的水科学知识。小朋友们通过西西和"水滴精灵"之间的故事，会发现我们每一个人的衣食住行，都在直接或间接地消耗着宝贵的水资源，形成了我们的"水足迹"，被消耗的水资源会以"虚拟水"的形式隐藏在我们生活的方方面面，虽然我们看不见它们，但的确是我们自己消耗的。降低、减少我们自己的"水足迹"，不要因为我们看不见自己消耗的"虚拟水"，就放纵自己的生活习惯，在不经意之间就浪费了不应该浪费的水资源。

　　希望小朋友们通过阅读西西和"水滴精灵"之间的故事，从小养成科学节水的生活习惯，珍惜每一滴水，做"水滴精灵"的好朋友。

　　为了让我们的地球家园更加美丽，每一位小朋友都要做出努力！祝小朋友们健康茁壮成长！

西北农林科技大学　吴普特

2022 年 10 月于杨凌

西西听说牙仙子会带走乳牙，还能给小朋友勇气！

乳牙快掉了。

妈妈！妈妈！我马上就会有牙仙子的祝福了！哈哈！！

嗯……

西西，要拔掉了哦，注意……三！二！一！

我掉下来了……

妈妈好坏……

快去漱口。

呜呜呜呜呜……

好痛！

咕嘟嘟……咕嘟……

妈妈，我的牙呢？

牙仙子拿走了呗。

西西真勇敢！我收到啦！

啊！啊！啊！真的吗？太好了！

西西最近喜欢上了冰雪公主。

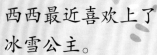

冰雪公主有着白色的头发，还会魔法……神秘、高贵、美丽……

妈妈!

妈妈!

您有白头发了。难道您会魔法吗?

冰雪公主的头发是白色的。

妈妈可不会魔法。

难道姥姥是咱们家的冰雪公主?

姥姥白头发多!

啊? 为什么呀? 啊……

姥姥的头发是最白的，她肯定会魔法。

是吧……

姥姥也不会魔法。

最近，西西认识了一些有趣的新朋友。快来看看他们都是谁。

——来自妈妈的日记

2

西西的新朋友

H₂O 天团

水滴精灵

我们聚成了人类赖以生存的水资源，遍布在地球的每一个角落。

我们每一个都是单独存在的个体，就和小朋友们一样。

我们组合在一起，形成了水系统。

农业

农业是水资源消耗的第一大户。滴嗒滴嗒，粮食长大了。

工业

呛！喔喔！工业生产缺了我们，是无法进行的。

蓝水

最最活泼的小精灵，藏在大江大河之中。

绿水

比较害羞的小精灵，经常藏在土壤中。

灰水

其实一点都不灰暗，是工业之子。

人类生活的每一个地方，都留下了我们的脚印，就是"水足迹"。

我们存在于人类生活的方方面面，也被称作"虚拟水"。

叮！叮铃！

叮！叮铃！

啊！

啊！

呼～早晨的阳光，十分美好，伸个懒腰吧～

太阳暖暖的，真好。

周末到来了。

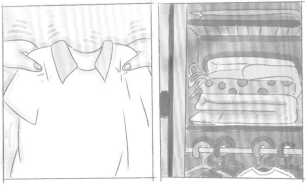

去郊游啦！
先去买点吃的。

出门啦！

转
转
转
转
……

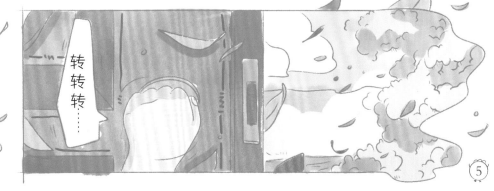

快快藏进薯片里，
躲进香蕉里、茄子里……
当个安静的小水滴。
嘘——不要出声。
我们就在你的身边，
我们很神秘，
你看不见我们。

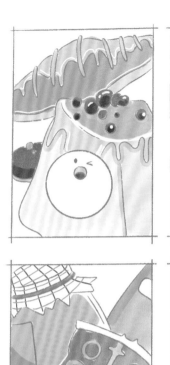

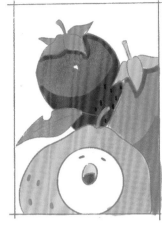

这里的东西真多呀，东瞧瞧，西瞧瞧，我都口渴了……

买瓶水吧。

神奇的一幕出现了……

咕嘟……

西西好像
落入了
小精灵的世界。
真是太神奇了！

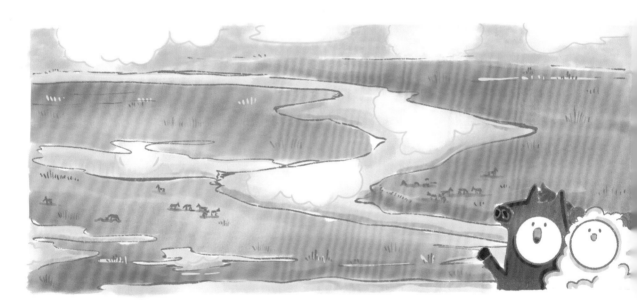

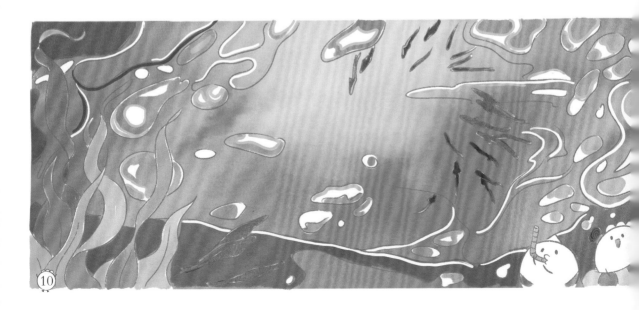

地球上的水循环在这里了。

看看中国主要的水循环路径。

自然界里的水就这样不停地循环着。

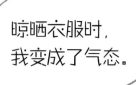

晾晒衣服时，我变成了气态。

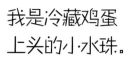

我是冷藏鸡蛋上头的小水珠。

冰箱里好冷啊！

泡温泉啰，真舒服！

哇！

水的熔点：0℃
水的沸点：100℃

在标准大气压下，水的熔点和沸点。

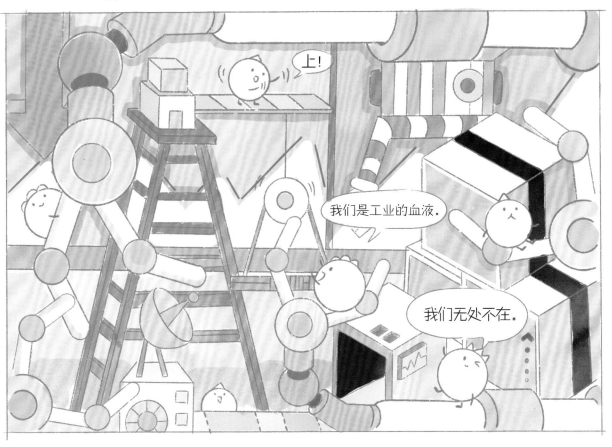

美丽的大自然，
那些高高的山脉
和洁白的云朵……
此刻，我明白了，
在水滴精灵的眼中，
有我不了解的
世界……

蓝水精灵

家是地表径流或地下水，

最爱四处去旅行……

大家见到我时，

肯定都是美丽的水波。

日常生活中很常见，

说不定就在离你不远的地方。

我是活泼可爱的小精灵，

爱冲浪，

爱游泳，

我是个运动达人。

哇！

冲呀！冲！

嘻嘻！大丰收啰。

下雨啦！下雨啦！

落到绿绿的叶子上面，
啪嗒——啪嗒！
不要躲在叶子后头……

落在小雨伞上，
哗——哗哗！
不要淋湿了……

雨里是谁？

整个世界都
在滴答滴答。

小雨滴，小雨滴
你们好瘦呀……

绿水精灵

我从天上降落，土壤是我的家，

喜欢捉迷藏！

喜欢听树爷爷讲故事——

小兔子与大灰狼……吼！吼！

喜欢种花花草草，照顾小动物，

十分害羞腼腆，

但性格很可爱，

我是阳光、善良的小精灵。

小树林的成长也有绿水。

哞!

咩!

饮水

饲料

哧!

我爱这满满花香的小·日子。

等不及，我要介绍自己了。

灰水精灵

我并不是"灰姑娘"，

我也很漂亮！

我是水滴家族的医生，

拥有精湛的医术。

打一针就好啦，

脏水快快走开！

我负责净化污水，

住在大江大河附近。

要是污水太多，

我就会变得非常可怕。

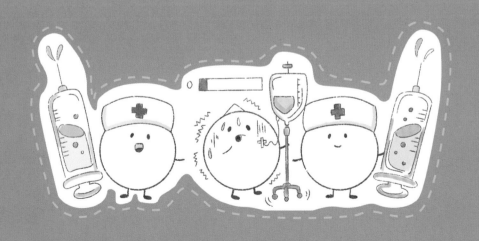

灰水。

我不是"灰姑娘"，
据说
灰色显得高级。

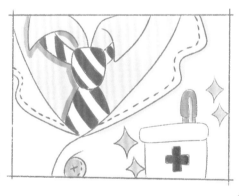

我是医生。

污水快走开！

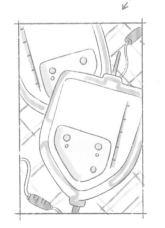

西西，
出发啦！
快来啊！

来啦，来啦。

加油！

就等你了。

来喽！

我们也要去！

金黄的麦田与湛蓝的天空，
一望无际。
哗啦啦，麦子在田野里跳舞……

哇！

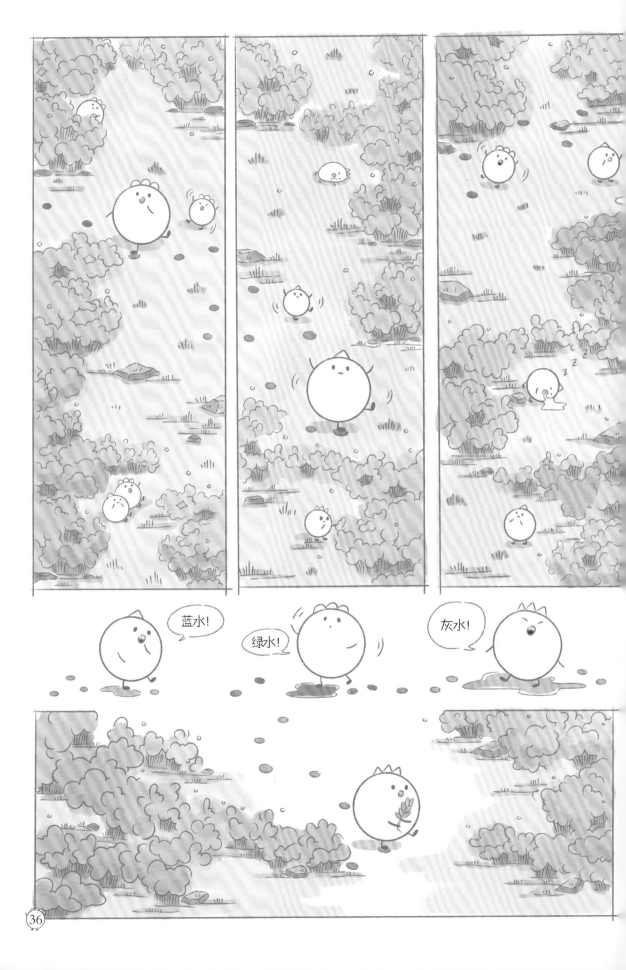

快，快！
小麦口渴了。
快！快！！
我们去支援，
赶紧去浇水，
让麦子好好长大。
我们中有一半，
都藏在小麦
和水稻中。

西西，你看，
我们三个就这样藏在小麦里面。
怎么样？没发现我们吧。
我们施了魔法，小麦才能壮实地成长。
我们就是小麦里看不见的水。
小麦可以做成好多好吃的，
烧卖、面包、油条、月饼、
面条、叉烧包、饼干，等等。
我们三个就在其中，
从金黄的麦穗到香喷喷的面食。
吸溜吸溜（吸口水）……

你们都喜欢
吃什么面食呀？

小笼包！

油条！

烧卖！

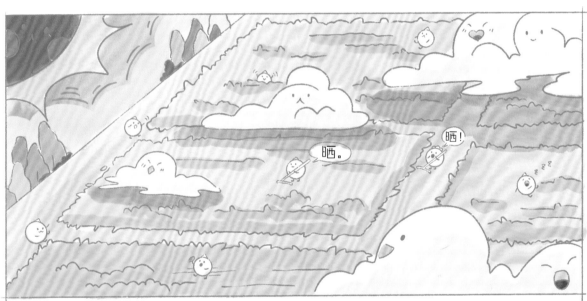

晒。

晒！

放在这里，既干燥又避光。

去掉沙石。

筛掉麦秆，拣出混入的叶子。

润麦

达到制粉的湿度了。

水分含量要足。

这样呀！

看看小麦的结构。

冠毛
麸皮
胚乳
← 胚芽

加油！加油！

嘿啾嘿啾！

就这样，小麦变成了面粉。

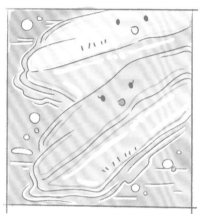
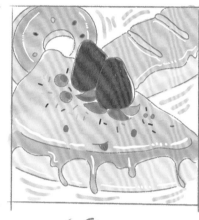

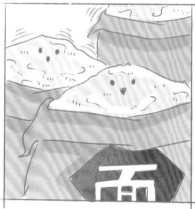

各种美食。